PRINCIPES GÉNÉRAUX
D'AGRICULTURE;

où l'on traite,

1.º DE LA THÉORIE DES LABOURS ;

2.º DE LA CULTURE DES VIGNOBLES ;

3.º DE LA CULTURE DES MÛRIERS ;

4.º DE L'ÉDUCATION DES VERS-A-SOIE ;

5.º DE LA CULTURE DES OLIVIERS.

PAR UN AMI DES CHAMPS.

A AVIGNON,

Chez FRANÇOIS SEGUIN aîné, Imprimeur-Libraire,
rue Bouquerie, n.º 7.

1811.

AVIS.

—

Il y a beaucoup de livres sur l'Agriculture ; mais la plupart sont si volumineux, que ce qu'ils peuvent renfermer d'utile est communément noyé dans une foule de détails que les Agriculteurs ont rarement le temps de parcourir. Le petit Ouvrage que j'ai l'honneur de présenter au Public, n'a point cet inconvénient ; c'est un recueil de pratiques confirmées par l'expérience, et qui reposent toutes sur une saine théorie. Si le Public daigne l'accueillir avec indulgence, je me trouverai amplement dédommagé des momens que j'y ai consacrés.

—

PRINCIPES GÉNÉRAUX D'AGRICULTURE.

INTRODUCTION.

Estimables Agriculteurs, qui formez la portion la plus utile de la société; vous qui, après avoir nourri et entretenu l'État, lui fournissez encore ses plus robustes défenseurs, je vais m'entretenir avec vous des principes de l'Agriculture. Que l'habitant des cités dédaigne de s'occuper de l'art estimable qui l'alimente ; qu'il lui préfère l'étude des arts que le luxe encourage, je ne blâme point ses goûts, mais je suis loin de les lui envier.... Combien n'êtes-vous pas plus heureux, paisibles habitans des campagnes !... Vous possédez les véritables richesses, celles qui n'ont point à redouter les vicissitudes de la fortune, ni les changemens dans les systèmes politiques, ni ces commotions extraordinaires qui ébranlent les fondemens des Etats... Je vais donc m'entretenir avec vous, non pas pour applaudir à toutes vos méthodes, à tous vos procédés ; mais bien plutôt pour vous montrer ce qu'ils ont de défectueux et de contraire aux vrais principes de l'économie rurale. J'attaquerai vos préjugés, vos routines, parce qu'ils vous sont essentiellement nuisibles, et qu'ils vous éloignent du but de vos travaux. Puissai-je vous être utile, j'aurai atteint le seul but que je me propose.

DES CULTURES EN GÉNÉRAL.

Toute la science de l'Agriculture se renferme dans neuf principes généraux, qui sont :

1.° La connoissance des saisons, et le temps des cultures.

2.° La nature de la terre que l'on a à cultiver.

3.° La qualité des semis, des arbres ou des plantes qui lui conviennent.

4.° Le naturel de ces semis, arbres ou plantes.

5.° Le nombre et la qualité des cultures qu'ils exigent.

6.° La nature, la qualité et la quantité d'engrais que chaque terre, chaque semence ou plantation doit recevoir.

7.° Le point de la maturité des récoltes.

8.° La manière de les faire.

9.° Le soin de les conserver.

Ces connoissances, qui devroient se trouver dans toutes les personnes qui se livrent à l'agriculture, ne sont cependant parmi vous que l'apanage d'un bien petit nombre de cultivateurs : presque tous, vous agissez machinalement et par habitude; vous semez de la même manière que vous avez vu semer, sans pouvoir vous rendre compte des raisons qui vous guident dans votre manière d'agir, sans connoître si, d'après le temps et la saison, il ne vous seroit pas plus utile de retarder ou d'avoir hâté vos semailles. Vous récoltez vos grains et vos fruits au même temps et de la même façon que vous les avez vu récolter, sans examiner, sans pouvoir juger s'ils sont en parfaite maturité. Vous plantez vos arbres comme vos pères les ont plantés; vous imitez inévitablement leurs défauts que vous transmettrez à vos enfans. Enfin, vous taillez, ou plutôt vous mutilez vos arbres, parce que vos auteurs les ont aussi mutilés... Quelle foule d'inconvéniens ne découle-t-il pas de cet assujettissement servile aux usages qui vous ont été transmis.... Vos récoltes ne se conservent pas; vos vins deviennent louches et aigrissent; vos arbres, au lieu d'obtenir plus de force et de vigueur par la taille, perdent en un instant tous leurs portans ou branches à fruits par une amputation mal entendue, et vous privent de tout espoir de produit.

Quoi de plus important que de prévenir des résultats aussi graves par l'adoption d'une sage pratique fondée sur des principes lumineux et exempts de préjugés.... Pour atteindre à ce but salutaire , reprenons l'analise des principes que nous avons établis.

La première connoissance que doit posséder un agriculteur , c'est *cella des saisons et le temps des cultures.*

Tout le monde sait que par saisons on entend les parties de l'année , distinguées par les diverses températures de l'air et les travaux différens qu'on y fait pour la culture des terres. Cette connoissance est tellement indispensable , que sans elle le cultivateur ne marche qu'en aveugle, et contrarie toujours l'ordre de la nature : ainsi il doit savoir que tel mois est affecté à telle culture et à telle semaille , que tel autre est affecté à la taille des arbres, etc. etc. Ce n'est point en consultant les phases de la lune, qu'il saisira les rapports des cultures aux saisons ; cet astre bienfaisant qui nous éclaire pendant la nuit, n'étend pas plus loin son influence ; il ne hâte ni ne retarde la végétation des plantes.... Croire le contraire , c'est perpétuer une erreur qui a pris naissance dans les siècles des préjugés et d'ignorance.... Agriculteurs, laissez ce globe pacifique parcourir silencieusement le cercle immense qu'il décrit chaque jour ; ne lui attribuez point des vertus qui lui sont étrangères : attachez-vous à connoître la véritable saison des cultures ; car c'est le défaut de cette étude, qui est cause qu'on voit tous les ans, dans chaque domaine, une ou deux pièces de terre tromper entièrement vos espérances , et ne vous donner que des *coquelicots* ou des *ravanels* , en place

du froment qui leur avoit été confié...
Inquiets, étonnés, vous reconnois-
sez que votre terre a été *gâtée*, et
vous prévoyez avec douleur que de
quelques années vous n'avez plus de
récolte à attendre sur ce sol malade...
Par quel événement étrange cette
terre fertile est-elle tout d'un coup
frappée de stérilité ? Laboureur im-
prudent ! c'est que vous y avez con-
duit la charrue dans une saison in-
tempestive, et dans des circonstances
où il étoit essentiel de la laisser en
repos.

La seconde connoissance exigée de
vous, c'est *la nature de la terre que
vous avez à cultiver ;* et celle-ci est
tout aussi importante que la première.... Il faut savoir distinguer les
champs dont la couche inférieure est
ingrate, de ceux qui ont une grande
profondeur de bonne terre végétale,

ou qui ont pour couche inférieure une terre qui peut se mêler avec avantage à celle de la surface. La première n'exige que de simples labours de division, tandis que dans la dernière vous pouvez introduire les charrues à coutre les plus vigoureuses.

Il faut aussi savoir distinguer si votre sol est d'une nature grasse et forte, ou pierreuse, ou crayeuse, ou sablonneuse; car chaque variété ne peut s'accommoder d'une culture uniforme. En un mot, c'est de la réunion des connoissances de la nature du sol et de celle des saisons, que vous devez former la théorie des labours. Et cependant, combien en est-il parmi vous qui sortent leurs attelages et vont entamer des labours, sans s'être demandés si la nature du terrain ou la température de l'air leur est favorable?

Agriculteurs ! ne perdez jamais de vue que le labourage a plusieurs objets, selon le moment et le genre de labour ; et que ses procédés doivent varier selon le terrain, le climat, la force des attelages, la construction des charrues, et enfin selon que les saisons sont plus sèches ou plus humides.

Les divers objets du labourage peuvent se réduire à sept principaux.

1.° A faire périr les mauvaises plantes qui prennent possession du sol et emploient inutilement les sucs productifs.

2.° A faire végéter les mauvaises graines qui se trouvent dans la terre, pour ensuite tuer les plantes par un autre labour.

3.° A exposer plus de surface à l'influence de l'air et de la lumière.

4.° A faciliter l'action des rosées, des pluies, ou des gelées.

5.° A briser, émietter ou ameublir la terre.

6.° A couvrir les engrais, ou les mélanger avec le sol.

7.° Enfin, à préparer la terre à recevoir les graines qu'on lui confie.

Vous ne devez jamais mettre la main à la charrue, sans vous être assurés que tout concourt, autant que possible, au but que vous vous proposez par le labour.

Supposons donc qu'après une moisson d'orge, d'avoine, de froment même, vous ayez en vue de faire périr les plantes de chiendent ou autres graminées qui dessèchent inutilement la terre que vous destinez encore à être ensemencée l'année suivante : il est évident que si vous ne choisissez pas pour ce premier labour un temps sec, et si en même temps vous n'y procédez pas de manière à exposer à l'air les racines de ces plantes, votre but sera manqué : vous aurez même opéré un effet contraire, si vous vous êtes bornés à un simple labour de division; car le chiendent, profitant de cette culture, fera des progrès considérables, et il n'y aura plus moyen de le détruire.

Vous proposez-vous, au contraire, de faire végéter les mauvaises graines qui sont dans la terre, pour ensuite tuer les plantes par un autre labour?... Choisissez, en ce cas, une température humide, et bornez-vous à un léger labour, parce que la charrue ne manqueroit pas d'enterrer trop profondément ces graines, qui attendroient pour végéter d'être de nouveau ramenées à sa surface par un autre labour.

Voulez-vous exposer plus de surface à l'influence de l'air et de la lumière, brisez et émiettez votre terre, ameublissez-la autant qu'il est possible; et si la charrue ne suffit pas, employez encore la herse, et toujours dans un temps sec.

Si vous voulez, au contraire, faciliter l'action des rosées, des pluies ou des gelées, soulevez la terre par grosses masses, et gardez-vous de les briser, afin que les influences de l'atmosphère agissent sur un plus grand nombre de points... N'oubliez pas surtout que dans les terres argileuses et qui retiennent les eaux, vous devez faciliter leur écoulement, en disposant la terre en sillons relevés; sans cette précaution, la charrue y pénétrera difficilement au printemps.

Ne perdez pas non plus de vue qu'un temps sec est presque toujours

préférable pour les labours à une température humide , qu'il y a très-peu
d'exceptions à cette règle, et que l'expérience de tous les temps a prouvé
que les semailles faites en temps sec ,
sont plus heureuses qu'en temps contraire. Ne concluez pas de là cependant que plus un terrain est sec , plus
le labour doit être profitable... Vous
seriez dans l'erreur... on doit en tout
éviter les excès... Les labours effectués
dans les grandes chaleurs , au moment
où la terre se trouve brûlante et pul-
vérisée par l'action du soleil , sont
très - nuisibles et peuvent gâter un
champ. Il paroit que le labour occasionne dans cette circonstance une
telle évaporation des sucs utiles à la
végétation, que la terre en demeure
épuisée.

Si vous labourez par un temps trop
humide, la terre est nécessairement

lourde sur la charrue, et fatigue beaucoup les bêtes de labour; mais le plus
grave inconvénient, c'est qu'elle se
pétrit et se durcit ensuite si fortement
au soleil, qu'elle forme à sa surface
une sorte de mastic que les germes
des plantes ne peuvent pénétrer... Ces
inconveniens sont surtout plus sensi-
bles dans les terres argileuses que
dans les terres légères... Mais tous
ces détails prouvent la nécessité de
connoître la nature de son terrain,
et la température qu'elle exige pour
ses cultures.

Dans cette partie méridionale de la
France, la préparation de la terre des-
tinée à être ensemencée, consiste en
trois labours, dont le premier a ordinairement lieu en mars seulement,
le second en juillet, et le troisième en
septembre. Cette méthode nous paroît essentiellement vicieuse et expo-

sée à beaucoup d'inconvéniens... L'intervalle qui s'est écoulé depuis les moissons jusqu'au mois de mars, pendant lequel votre terre est restée en chaume, est trop long pour que les graminées n'en aient pas pris possession ; et il vous deviendra très-difficile de l'en débarrasser tout-à-fait avant les semailles : il vous sera même impossible d'y parvenir, s'il règne un printemps pluvieux. D'ailleurs la terre constamment resserrée pendant tout le temps qu'elle a été en chaume, exposée au piétinement des bestiaux qui y sont venus dépaître, a dû conserver sur sa surface une partie des mauvaises semences dont les blés sont remplis et qui mûrissent avec eux... Ces semences se trouvant enterrées par le premier labour qui se fait ordinairement au *coutre*, attendront pour germer de nouveau, d'être ra-

menées à la surface par le second labour qui a lieu en juillet ; et c'est
alors que poussant avec force de juillet
en septembre , elles auront épuisé le
sol des sucs productifs... Mais si le
labour de juillet a lieu en temps sec ,
ces graines ne germeront point, et attendront pour cela le labour des semailles ; en sorte que le blé se trouvera suffoqué par les mauvaises herbes qui pousseront avec lui.

Dans tous les cas , la division et
l'ameublissement de la terre étant in-
complets , elle ne profitera point des
influences de l'atmosphère , et le mélange des engrais sera moins parfait...
Sous tous ces rapports , il nous pa-
roîtroit plus convenable de labourer
la terre immédiatement après la moisson ou dans le courant de l'automne :
cette opération faciliteroit singulièrement l'action des pluies et des gelées

pendant tout l'hiver ; toutes les mauvaises graines qui auroient germé
dans l'automne succomberoient aux
rigueurs de la saison suivante ; au
printemps un nouveau labour dispose-
roit cette terre aux influences des
chaleurs, et elle se trouveroit ainsi
parfaitement disposée avec un labour
en juillet, à être ensemencée en septembre.

Agriculteurs, ce seroit peut-être
ici le cas de vous inviter à adopter un
système d'assolement qui rempliroit
à la fois toutes ces indications, et qui
multiplieroit vos récoltes en faisant
succéder la culture des prairies artificielles à celle des plantes céréales...
Mais je crains de vous effaroucher au
seul nom de prairies artificielles, parce
que vous savez par expérience combien elles sont nuisibles aux oliviers
et aux mûriers qui ornent vos domai-

nes, et qui font votre principale ri-
chesse. J'approuve jusqu'à un certain
point votre scrupule à cet égard ; mais
qu'il me soit permis de vous faire observer avec M. Pictet, l'auteur ingé-
nieux du Traité des Assolemens, qu'il
n'existe point de proverbe plus sensé
que celui qui porte que, *qui a foin a
pain.*

La troisième connoissance exigée
d'un agriculteur, est celle *de la qualité des semis, des arbres ou des plantes qui conviennent à son terrain.*
Celle-ci est tellement liée aux deux
qui précèdent, qu'elle en est une conséquence immédiate. Il seroit difficile,
en effet, qu'un homme eût une parfaite connoissance de la nature de son
terrain, et qu'il ignorât que telle pro-
duction lui convient préférablement
à telle autre : ainsi il saura que le blé
tozelle et ses variétés exigent un ter-

rain gras, argileux, tandis qu'un terrain léger et sablonneux convient au
seigle.

Il saura que dans les lieux exposés
aux brouillards, le blé appelé *seycette*
est mieux placé que la tozelle.

Que la vigne ne se plait point dans
un terrain humide.

Que l'olivier aime les lieux secs,
mais d'un bon fonds.

Que le mûrier exige un juste milieu
entre l'humidité et la sécheresse.

Toutes ces connoissances lui vien-
dront facilement par la pratique, s'il
n'agit point en aveugle, et si à chaque
opération il acquiert une nouvelle
expérience.

Jusqu'ici nous n'avons considéré
l'agriculture que dans ses rapports
généraux avec les plantes céréales;
mais cette branche de l'économie ru-

rale, encore que la plus importante, n'est pas la seule qui intéresse l'agriculteur, puisque ses revenus se composent également du produit des vignobles, des mûriers, des oliviers, des prairies, des arbres fruitiers, des légumes et des troupeaux.

Il n'entre pas dans notre plan de traiter de toutes ces parties en grand détail ; mais nous ne saurions nous dispenser de nous étendre sur les vignobles, qui, dans ces contrées, jouent un si grand rôle en agriculture.

DES VIGNOBLES.

Agriculteurs, je vais vous donner le plan d'une sage conduite dans la culture des vignobles ; c'est celle que les propriétaires de la côte du Rhône, vraiment jaloux de la réputation de leurs vins, suivent scrupuleusement. Adoptez leur méthode ; elle est le fruit de la méditation et de l'expérience.

Le premier objet qui doit fixer votre attention dans la culture des vignobles, c'est le choix du terrain pour les plantations : ce choix est tellement important, que de là doit dépendre la qualité de vos vins. Jamais un terrain gras, humide, et propre à la culture des luzernes, ne donnera du vin de grande qualité ; il faut aux

vignobles un sol argileux ou sablonneux, et surtout caillouteux.... Si à
cette qualité du sol vous réunissez le
mérite d'une exposition avantageuse,
vous êtes assurés d'une bonne qualité
de vin. Par une *exposition avantageuse*, on entend que la vigne ne soit
pas dominée par une montagne, ou
par un bois de haute futaie, et qu'elle
ne soit point au nord ou dans un bas-
fonds.

Diverses communes qui possé-
doient des vins d'une fort bonne qualité, les ont vu déprécier tout d'un
coup, parce qu'ayant fait des défri-
chemens dans les bois communaux
ou dans divers vallons, elles les ont
complantés en vignobles, qui ne leur
ont donné qu'un vin foible et grossier.

Le choix des plants est également
d'une grande importance, si l'on a en
vue la qualité plutôt que la quantité.

Il est même presque impossible qu'un mélange de toutes les espèces de raisins, blancs, noirs, maroquins, produisent un vin de quelque valeur ; parce que, ne renfermant pas des principes exactement analogues, ne pouvant être cueillis au même point de maturité, il ne peut qu'en résulter une fermentation nuisible à cette liqueur. Aussi voit-on fréquemment les vins provenus du mélange de diverses espèces de raisins, tourner, devenir louches et aigrir dans les fortes chaleurs.

Sur presque toute la côte du Rhône, en raisins noirs, la *pic-poule* est à peu près la seule espèce, et celle qui fait le fonds de la vendange ; cependant quelques propriétaires ont aussi dans leurs vignobles quelques autres variétés, telles que le *terret* noir, le *petareou*, le *moustardier* et le *maroquin*.

On y trouve aussi le *grenache*, qui, par son bouquet et sa couleur, donne aux vins de cette contrée une qualité bien supérieure.

Ceux, au contraire, qui préfèrent la quantité, plantent une autre espèce de terret, appelée *verdaou*, qui produit avec abondance, mais qui fait un vin dur, vert et sans saveur ; il a l'avantage de ne pas pourrir dans les bas-fonds, sans cela il seroit banni des vignobles.

En raisins blancs, on distingue la *clairette* et le *picardan*, de même que le *bourboulen* ; on trouve aussi le *colitor*, qui est une espèce extrémement productive, mais très-sujette à se pourrir.

La saison de la plantation de la vigne, dans les pays méridionaux, est au mois de mars.

On plante généralement au pal, et

avec des ceps sans racines. La distance des plants est ordinairement depuis un mètre et demi jusqu'à deux mètres en quarré.

Cette manière de planter, quoique générale, est très-défectueuse ; mais elle est économique, et c'est ce qui la tient en faveur. La meilleure méthode seroit sans doute d'ouvrir un fossé d'un pied et demi de profondeur, et autant de largeur ; un vigneron pose le sarment couché au fond, le couvre de la terre qu'il abat sur l'un des côtés, le relève ensuite après avoir trépigné dessus, met la partie supérieure de façon qu'il ne sorte que deux ou trois bourgeons, et continue ainsi à distance égale, en donnant quatre pieds de l'un à l'autre dans le meilleur fonds en tout sens ; un autre vigneron vient après le premier, et, avec la bêche, remplit la tranchée entièrement par un travail profond , suivi et uniforme. Tout le champ s'achève de la même manière ; aucune mauvaise herbe ne doit échapper , ni les pierres les plus grosses.... Cette manière de planter est sans doute coûteuse , et propre à effrayer un cultivateur peu expérimenté ; mais elle a cet avantage, qu'aucun plant ne manque , qu'à la troisième année la vigne est plus forte qu'à la sixième avec la première méthode , et qu'enfin le produit est tel qu'une bonne année paye presque tout.

L'art de provigner est aussi important que celui de planter ; il donne même plus de jouissances au propriétaire, qui trouve avec lui un moyen sûr de rajeunir ses vignobles , sans éprouver d'interruption dans les produits.

Cet art est admirable par sa simplicité et par ses résultats.

On commence par ouvrir une fosse d'un demi-mètre de profondeur, depuis la souche-mère jusqu'à l'emplacement où doit aboutir le provin : ce préliminaire achevé, on nettoie la souche de tout son bois inutile, de manière, pour les jeunes vignes, à n'y laisser que deux ceps, qu'on choisit parmi les plus vigoureux et les mieux disposés. Ensuite on couche avec précaution la souche entière dans la fosse, à chaque extrémité de laquelle on donne issue à l'un des deux ceps qui ont été conservés ; on recouvre et l'on comble le tout avec de la terre bien ameublie ; on rogne après, à deux yeux au-dessus de terre, les deux ceps destinés à faire souche, et l'on a soin de les marquer avec un petit jalon, destiné à la fois à servir de

tuteur au provin, et à le garantir, par
cette indication, de toute atteinte de
la part du cultivateur. C'est là le procédé pour les jeunes vignes.

A l'égard des vieilles, dont le bois
est moins flexible : après avoir ouvert
la fosse, et nettoyé la souche comme
il a été dit ci-dessus, on choisit celui
des ceps qui se montre le plus favorable à l'opération du provin ; on le
couche dans la fosse (quelquefois en
le tordant avec soin pour éviter qu'il
ne se casse), et l'on en fait sortir la
pointe à l'emplacement où étoit la
souche qu'il s'agit de renouveler, en
observant les autres manières de pro-
céder qui ont été indiquées. Ce dernier genre de provin exige encore une
attention qui échappe souvent au ma-
nouvrier sans expérience, ou à celui
qui n'est point avisé. Cette attention
consiste à enlever avec la serpe tous

les yeux qui se trouvent au cep pro-
vigné, depuis son adhérence à la souche jusqu'à son introduction dans la
terre. Cette opération, que les vignerons appellent *éborgner le provin*, est
indispensable pour qu'il puisse jeter
ses racines, et présenter bientôt un
état de vigueur et de développement
qui, après la troisième année, oblige
le vigneron de couper sa communi-
cation avec la souche-mère, qui fini-
roit par en être épuisée.

Des provins faits avec cette attention, reconnoissent souvent, dès la
première année, le travail du cultivateur, étonné de leur voir porter
tant de fruits.

Dans les principes à adopter pour
la taille des vignes, on doit nécessairement avoir égard à leur exposition,
et à la température dominante du
pays. Dans nos contrées, où les vents

du nord soufflent avec violence, et où
l'on ne fait pas usage d'échalas, on
doit s'attacher à donner le moins possible d'élévation à la souche. La précaution de la relever ne peut être
pratiquée que par les propriétaires
ayant des plantations dans les lieux
bas et humides, où le raisin est sujet
à se pourrir. C'est d'après ces principes qu'on doit se diriger, en observant que la taille ayant pour objet de
régler la dissémination de la sève, suivant le plus ou le moins de vigueur
de la vigne, et de retrancher ou de
prévenir la pousse d'une trop grande
quantité de sarmens ou brindilles,
qui finiroient par l'épuiser, on doit
tailler plus court ou plus long, et laisser plus ou moins de flèches, suivant
la qualité plus ou moins substantielle
du sol, suivant aussi l'espèce ou la
qualité particulière de la souche, enfin

suivant l'âge et la vigueur de la vigne.
Ainsi, la première année on enlève,
rez de la souche, toutes les menues
brindilles qui ont poussé, et l'on taille
le principal jet à un œil seulement au-
dessus de terre; c'est ce que les vignerons appellent encore *éborgner le
plantier.*

L'année suivante, le plus ou le
moins de vigueur de la souche doit
régler le cultivateur pour laisser plus
ou moins de bois : si le jeune plant
est languissant, on le ravale encore
jusqu'à un seul œil au-dessus de terre;
s'il montre de la vigueur, on l'alonge
jusques au-dessus du second œil, et
on lui donne du bois à proportion.
La troisième année, si la plantation
a été cultivée avec soin, la souche
doit commencer à se former ; alors
on taille sur deux, et même sur trois
branches, suivant la vigueur et la

multiplicité des jets, en observant de tailler toujours très-bas, pour que les racines travaillent avec plus de force dans ce premier âge. La formation de la souche en cul de lampe, au moyen de l'arrondissement des jets, pratiqué par la taille, est ce que les vignerons appellent *ensceller le plantier*. Enfin, à mesure que la vigne prend de l'accroissement et de la force, après avoir nettoyé la souche de tout son bois inutile, on finit par lui laisser jusqu'à quatre et même jusqu'à cinq branches maîtresses, toujours disposées en cul de lampe, à l'extrémité desquelles sont les sarmens qu'on coupe au-dessus des deux yeux les plus bas.

Agriculteurs, n'oubliez jamais que la taille de la vigne demande des soins minutieux et une sagacité particulière ; que vous devez constamment vous régler sur le plus ou le moins de vigueur de la vigne, sur les divers accidens auxquels elle a pu être exposée, sur la nature ou l'espèce particulière de la souche ; enfin, sur l'intempérie des saisons, que souvent il est bon de prévoir. Par exemple, lorsque pour éviter la presse ou la cumulation des travaux à l'approche du printemps, ou dans la vue de pouvoir donner à une vigne des labours d'hiver qui lui sont si salutaires, on la taille immédiatement après la chute des feuilles ; il est bon d'observer alors, en coupant le cep au-dessus d'un œil ou des deux yeux les plus bas, qu'on doit se rapprocher autant que possible du dernier œil qui doit être emporté par la taille, afin de garantir ainsi ceux destinés à donner au printemps du nouveau bois, du contact trop immédiat des grandes gelées, souvent funestes à la vigne, surtout lorsque ce sont les grenaches, ou autres espèces à moelle aussi abondante, qui en sont frappées.

Après la taille des vignes, la manière de les greffer doit particulièrement intéresser le cultivateur; c'est par la greffe qu'il peut à son gré varier les espèces, rendre productives des souches stériles, donner même la santé à celles qu'une épidémie a frappées, et qui périroient sans ce secours. Cette dernière assertion semble tenir du paradoxe; cependant l'expérience l'a confirmée.... Un homme instruit possédoit une vigne complantée en clairette, sur la commune de Chusclam; il s'aperçut tout d'un coup qu'une partie des souches jaunissoit, et que peu à peu elles dépérissoient entièrement. Il imagina de greffer les souches malades (d'une autre espèce), dès qu'elles paroissoient atteintes. Ce remède réussit à merveille, car ces nouveaux germes firent des progrès si considérables, que dans trois ans il n'y avoit presque point de différence avec le surplus de la vigne. Par ce moyen sa vigne de clairette se trouva métamorphosée en diverses variétés ; au bout de quelques années, elle acquit une vigueur nouvelle et devint plus productive.

Un phénomène aussi singulier est vraiment digne de l'attention des physiciens ; car où est donc le siége de ce mal qui porte une mort infaillible dans deux ou trois ans, qui s'annonce par le dépérissement d'un côté de la souche, et achève enfin la destruction? Il ne vient pas des racines, car la greffe se place au-dessus. D'où vient-il donc ? Ce fait exigeroit une profonde dissertation qui seroit ici déplacée.

Il n'y a guères qu'une seule façon de greffer la vigne. Il faut que l'ouvrier aie une scie, un ciseau de maçon, une petite massue et un couteau bien passé, une bêche pour découvrir la souche jusqu'aux premières racines. Quand le sujet est gros comme le bras, sain et droit, le vigneron s'asseoit, enjambe la souche, fait jouer la scie et l'enlève proprement, place son ciseau au milieu pour partager le tronc; l'entaille faite au moyen de quelques coups de massue, il laisse le ciseau planté, et introduit de chaque côté la greffe qu'il a taillée de façon que l'écorce s'adapte juste et de niveau avec celle du tronc : le ciseau servant de levier, ménage le mouvement nécessaire à la réussite; en le retirant, il faut observer si les greffes sont bien serrées et si elles n'ont pas été dérangées; après quoi il ne reste plus qu'à boucher l'entaille, ce qui s'opère en saisissant le plus fin de l'écorce de la souche par de vieilles feuilles, ou de la mousse s'il s'en trouve auprès ; et, pour plus grande sûreté, on couvre l'opération hermétiquement avec de l'argile bien humectée.

Le mois de mars est la saison de la greffe de la vigne ; il est sous-entendu que l'on a eu le soin de laisser aux souches qui doivent fournir les greffes, des sarmens destinés à cela. Cependant on a eu employé avec succès des greffes qu'on avoit enterrées en février, avant qu'elles eussent poussé, dans une fosse d'un pied de profondeur, couverte de terre en entier, distinguées par différens paquets liés séparément. Cette méthode a le double avantage, qu'on en réserve autant qu'on en veut, et que personne ne les ébourgeonne.

Une observation que les cultivateurs ne doivent point perdre de vue,
c'est que les vignes trop haut mon-
tées, qui donnent trop de prise aux
grands vents extrémement fréquens
dans cette contrée, ne peuvent fournir assez de séve pour parcourir une
trop grande étendue de bois, dont
une partie se trouve souvent obstruée
par du bois mort. La sève alors n'arrive que difficilement au raisin, qui
reste petit, grêle, et ne parvient
qu'avec peine à maturité. Dans ce cas,
quand le fonds est bon et que la vigne
est forte, il faut la scier, et l'abaisser
à un demi-pied de hauteur. Si l'on
craint de se priver de la totalité
de la récolte, l'on peut se conten-
ter de faire l'opération par moitié
ou par tiers. L'on rajeunit ainsi,
ou plutôt on renouvelle la vigne;
car dans deux ou trois ans elle repa-

roit avec les forces de la jeunesse.

Agriculteurs ! voulez-vous presser l'accroissement de vos jeunes plantiers? ne manquez pas de leur donner trois labours dans le courant de l'année... Quand ils seront formés, vous pourrez vous borner à deux labours seulement, que vous donnerez en mars et en mai, c'est-à-dire, lors du premier mouvement de la végétation ; et puis, quand les bourgeons ont acquis assez de force pour résister aux chocs ou aux froissemens que malgré toute votre attention il est difficile de ne pas leur faire quelquefois éprouver, en même temps que vous pratiquerez ces divers labours, que des manouvriers, avec une grande pioche à deux pointes, fossoyent chaque cordon de souches dans toute la longueur, de manière à leur donner une bonne culture, et à les déshabiller

du chiendent et autres plantes parasites qui ont poussé autour du tronc...
Mais si vos vignes ne sont pas d'une
grande étendue, si le sol n'en est ni
pierreux, ni caillouteux, gardez-vous
d'y introduire la charrue : préférez
les cultures à bras, qui ne sont jamais
nuisibles aux jeunes ceps, et qui leur
sont plus profitables.

Ayez surtout attention de n'entrer
dans vos vignobles que par des temps
secs ; votre but en les cultivant doit
être de détruire les graminées, et
toutes les plantes qui en dessèchent
inutilement le sol. Vous devez donc
éviter, pour ces cultures, une température humide, qui ranimeroit toutes
les plantes que vous auriez arrachées;
d'ailleurs votre terre se pétriroit en
la remuant, et les premières chaleurs
la durciroient à tel point, qu'elle ne
pourroit profiter des influences at-

mosphériques. Il ne peut y avoir d'exceptions, à cet égard, que pour les
sols sablonneux.

Dans beaucoup de pays on néglige
d'effeuiller les souches aux approches
de la vendange ; cependant la précaution d'en effeuiller certaines parties, à peu près un mois avant cette
époque, ne peut qu'être avantageuse
pour les vignes jeunes ou vigoureuses,
dont les rameaux touffus ne permet-
tent pas au raisin d'être entièrement
mûri par les rayons du soleil. Observez cependant que cette opération
demande des soins et de la prévoyance;
qu'il seroit dangereux de s'y livrer
trop tôt, et surtout avant que les
pluies de septembre aient pénétré le
raisin d'une fraîcheur et d'un humide
salutaires, qui ne laissent plus craindre pour lui les funestes effets d'un
soleil trop brûlant.

Il nous resteroit maintenant à parler de la manière de récolter les raisins, de faire cuver le vin et de le conserver; mais ces diverses méthodes sont trop connues pour qu'il soit nécessaire que nous entrions dans des grands détails à ce sujet. Nous nous bornerons donc à dire ;

1.° Qu'en général on doit séparer les espèces noires des blanches, parce que leur mélange laisse toujours au vin une liqueur qui en détériore la qualité, et qu'il amène dans les fortes chaleurs une fermentation qui rend le vin trouble, louche, et le fait tourner.

2.° Que tout propriétaire qui s'attache à la qualité de ses vins, doit les faire cuver dans le bois, parce qu'il est démontré que la fermentation est plus prompte; que le raisin conserve mieux sa saveur et son bouquet, dont le vin finit par se pénétrer par la fermentation.

3.° Que quiconque veut soigner ses vins, doit les soutirer en mars, avant le retour de la sève... qu'on se feroit difficilement une idée de ce que gagne le vin à cette opération réitérée, surtout dans les années où la qualité n'est point aussi ferme, et lorsque la lie en est viciée d'un principe de verdeur ou de corruption, occasionnée, soit par le défaut d'une parfaite maturité dans la vendange, soit quelquefois par les pluies ou les brouillards, si funestes au vin lorsque le raisin en a été attaqué aux approches de la récolte.... L'opération du soutirage est si simple, qu'on est inexcusable de la négliger. Elle consiste à vider un tonneau ; à le bien faire laver et nettoyer ; à le soufrer légèrement avec une mèche préparée, et à y remettre ensuite le même vin qui en a été tiré *clair fin*.

Quant au temps nécessaire pour le *décuvage* du vin, on ne peut rien dire de positif, parce qu'il n'existe à cet égard aucune règle fixe, et qu'on les fait plus ou moins cuver, selon les circonstances. Par exemple, les vins de la côte du Rhône destinés à faire des mélanges, ne cuvent que vingt-quatre heures; ceux qu'on veut con-server, cuvent cinq à six jours; du côté d'Uzès, on les fait cuver vingt-cinq à trente jours.

On doit observer cependant, que parmi les vins les plus réputés de la côte du Rhône, depuis Chusclam jusqu'à Tavel, il en est qui, par leur nature ou leur destination, exi-gent d'être cuvés et colorés; tels sont ceux de Tavel, de St.-Laurent-des-Arbres et de Lirac, qu'on destine à être bus tels quels, sans être coupés, et qui soutiendroient mal les chaleurs sans cette précaution... Il en est de même des vins de *Grenache*, qui, quel que soit le lieu de leur naissance, pour être dans leur véritable qualité, demandent de cuver environ huit jours, pour les dépouiller du visqueux plus particulier à leur espèce, pour faire élaborer ou consumer par la fermentation, ce que leur liqueur a d'excessif ou de trop pâteux, et pour leur donner cette couleur grenat foncé, la seule convenable à cette qualité particulière de vin.

Pour règle générale, on ne doit *tirer* son vin que lorsqu'il est bien coloré, qu'il est clair et parfaitement dépouillé, et qu'il a perdu la liqueur du moût.

Nous n'avons rien dit touchant les engrais des vignobles ; nous aurions dû cependant observer qu'on est

aujourd'hui généralement convaincu
que le fumier est plus utilement employé dans les terres destinées aux
blés que dans les vignes ; aussi ne les
fume-t-on pas : cependant l'expérience
a démontré qu'elles se trouvent fort
bien de la terre neuve dont on garnit
quelquefois les souches ; cet usage
devroit être plus répandu à raison de
ses bons effets.

DES MURIERS.

La culture des mûriers est la branche la plus considérable des richesses industrielles de plusieurs Départemens méridionaux ; rien n'égale l'ardeur avec laquelle cette culture est suivie, surtout dans le département du Gard. On peut se former une idée des progrès qu'a fait cette culture dans l'espace d'un siècle, alors qu'on se rappelle que M. de Bâville, Intendant de la province du Languedoc, ne fait porter qu'à 12 à 1500 quintaux la totalité des cocons qui se récoltoient dans cette immense province *dans une bonne année*, tandis qu'aujourd'hui, il y a tel arrondissement de Sous-Préfecture qui en recueille au-

delà de 2000 quintaux ; combien de
millions cette seule branche de l'économie rurale ne verse-t-elle pas dans
l'ensemble des Départemens que ren-
fermoit cette seule Province ! Cette
observation amène naturellement à
une question très-importante; savoir:
*si la fortune et l'aisance des citoyens
ont augmenté en raison de ce surcroît
de revenus...* L'examen de cette question seroit d'un intérêt majeur; car,
dans le cas de l'affirmative , la culture du mûrier s'étendant tous les
jours davantage, les pays qui le cul-
tivent doivent peu-à-peu arriver à un
état de prospérité extraordinaire, et
auquel ne peuvent atteindre les Départemens dont le sol se refuse à cette
culture.... Dans le cas contraire , il
seroit prudent de ne pas étendre plus
loin cette culture, qui envahit de jour
en jour les terres destinées aux céréa-

les ; qui repousse celle des prairies artificielles , circonscrit l'éducation des troupeaux , et nous prive des engrais qui nous procureroient d'abondantes récoltes.

Si on avoit à prononcer sur cette question importante, dans les circonstances présentes où le prix des blés est porté à un taux extraordinaire , et où celui des soies ne sauroit être plus bas, il est certain que la culture des mûriers perdroit nécessairement sa cause : mais ce seroit être injuste que de ne pas opposer, que dans des temps ordinaires où le prix des grains indemnise à peine le propriétaire de ses avances, celui des soies se soutient, et lui procure des ressources qu'aucune autre culture ne lui offriroit... Ce n'est donc pas relativement à des cas particuliers que cette question devroit être envisagée; mais il faudroit examiner : *si un pays qui auroit un système de culture bien entendu ; qui alterneroit à propos ses récoltes entre les céréales et les prairies artificielles ; qui profiteroit avec soin de toutes les ressources que la nature lui a données pour multiplier les irrigations, et par conséquent les prairies naturelles ; et qui par tous ces moyens augmenteroit le nombre de ses troupeaux... ne l'emporteroit pas en ressources sur celui dont le territoire seroit couvert de mûriers.*

Dans tous les cas, comme cet arbre précieux s'accommode facilement du sol de notre territoire, dont la sécheresse et l'aridité éloigne en général des cultures plus avantageuses, nous devons laisser à d'autres le soin d'agiter cette question, et nous borner à examiner quels sont les soins et les procédés que sa culture exige.

Nous le prendrons à sa naissance, afin de ne rien laisser à désirer sur tout ce qui regarde cet arbre intéressant.

Les pépinières de mûriers se forment de semis. On cueille des mûres de toute espèce, blanches, grises, noires; on les met tremper dans un cuvier, jusques à ce que la graine se sépare de la pulpe; on remue le tout, et quand la pesanteur de la graine la précipite au fond, on la lave pour la dépouiller de tout ce qui lui est étranger; on la fait sécher, et on la garde en réserve jusques au mois de mars, pour la semer dans une terre cultivée à un pied de profondeur, fumée avec du fumier fort et bien pourri. On la sème à peu près comme les épinards; le succès est infaillible. Tout lève, et les jeunes brins s'appellent *pourrette*;

sans autre soin que celui de sarcler et d'arroser, au bout de trois ans cette *pourrette* est en état d'être plantée.

Un mode plus singulier qu'utile, est substitué à celui-ci : on se contente, dans la saison, quand les mûres ont acquis la plus grande maturité, de les fondre sur une corde, de les y laisser jusques en février, et de l'enterrer ensuite. Cette corde, qui se pourrit, n'empêche pas la graine de lever ; mais, communément trop épaisse, et si le cultivateur oublie d'en arracher la plus grande partie, sa pourrette ne vient jamais belle.

Devenue grosse comme le petit doigt, on la transplante dans une terre bien préparée, et l'on fait une pépinière.

La préparation consiste à passer la terre à deux pieds de profondeur, ou deux pointes de bêche. Il faut une terre engraissée par le fumier, meuble, et même légère, sans pierres, et sans aucune sorte de racines, surtout de chiendent.

La précaution de choisir une terre légère pour y former une pépinière, nous paroît d'une grande importance, parce que les plants qui en proviendront n'auront qu'à gagner, en étant transplantés dans une terre grasse et forte, au lieu qu'ils dépériroient s'ils sortoient d'un terrain d'excellente qualité, pour entrer dans un terrain sablonneux et stérile.

Il faut éviter le voisinage des arbres quelconques : s'il en étoit mort depuis peu, infailliblement la mortalité gagneroit votre pépinière ; et le ravage, selon l'occurrence, seroit plus ou moins étendu, mais toujours cruel et sans remède.

La terre préparée, ainsi qu'il a été

dit, vous tracez des alignemens à la distance de trois pieds au plus en carré, et à chaque coin vous enfoncez un pieu de fer, de façon que la pourrette puisse entrer jusqu'au premier bourgeon. Vous débarrassez des pousses inutiles, tant le bois hors de terre que la racine ; vous l'assujettissez avec un petit bâton, au moyen de la terre que vous y faites entrer. Votre plantation finie, la pépinière forme un quinconce parfait. On peut la garantir de toute insulte par une palissade, ou tout autre moyen ; et comme il a été impossible de passer et repasser sans avoir durci la terre, il est essentiel de lui donner une façon à la pioche, avec l'attention de ne point ébranler les plants.

La seconde année, la pépinière devient un bois impénétrable ; tout se tient. L'arbre ayant acquis au moins un pouce de grosseur, on l'ente à l'écusson. Pour y parvenir, il faut avec la serpe, ou plutôt le couteau à tailler la vigne, enlever tous les rameaux du plant à six pouces de la terre plus ou moins, selon que le sujet se trouve formé, en observant que l'entaillure soit du côté opposé aux *bouffées* du vent, le plus dangereux ennemi qu'ait la greffe quant elle est garnie de feuilles.

Avant de couper les sauvageons pour les enter, il est bon d'en faire la revue exacte, parce que dans le grand nombre, il peut s'en trouver plusieurs qui méritent d'être conservés. Il est une espèce surtout, qui réunit tous les mérites ; grande, fine et presque sans mûres, très-touffue, et facile à ramasser, elle est digne d'une attention particulière.

Le sujet bien dépouillé, le greffeur

l'enjambe, fait une incision en forme de potence à la place la plus unie, et avec le greffoir à la main, il insinue la greffe en soulevant les deux côtés de l'écorce : il faut qu'elle remplisse l'incision ; que l'écorce du sujet ne laisse à découvert que l'œil de la greffe, et que la ligature faite avec des rubans de l'écorce du sauvageon, dont les pouces sont faciles à dépouiller, couvre le dessus et le dessous de l'incision.

L'écusson de la greffe doit être fait selon la forme d'une plume taillée.

Huit à neuf jours après l'avoir placée, il faut couper la ligature avec le canif, l'enlever avec précaution pour épargner le bourgeon qui est très-délicat.

La préparation de ces greffes se fait sur une *pousse* de mûrier choisie expressément ; on voit au coup-d'œil les germes propres à être enlevés, et on rejette les vides.

Il est très-important d'être bien assurés de la qualité de l'arbre qu'on emploie ; car, comme c'est la seconde pousse qui fournit les greffes, et que c'est en juillet que se fait l'opération, il est facile de se tromper.

Pour éviter cet inconvénient, on aura soin de se procurer, au préalable, une espèce dont on ne ramassera pas la feuille cette année, afin d'avoir les *pousses* premières, longues et bien garnies. On évitera d'en employer les deux bouts, à moins d'une urgente nécessité, parce que le gros bout fournit de petits germes qui s'enlèvent difficilement, et que le petit bout les fournit trop tendres.

La pépinière entée, ainsi qu'il vient d'être dit, passe l'hiver avec la culture à la pioche, qu'il ne faut pas manquer de lui donner avant les gelées ; elle détruit toutes les herbes, qui, s'il étoit possible, ne devroient jamais y croître.

Au mois de mars, lorsque les gelées ne sont plus à craindre, visitez votre pépinière, et avec un couteau courbe enlevez le bois mort derrière la greffe de chaque plant ; c'est un préalable de nécessité absolue. Ayez encore un instrument très-fin, coudez un peu la pousse de la greffe, taillez-la jusques aux deux derniers bourgeons les plus près du tronc ; vous les réduirez à un seul dès qu'ils seront gros comme une petite fève. C'est ce fils unique qui doit payer toutes vos dépenses, et les récompenser. Douce et frêle espérance, que des gelées tardives peuvent vous enlever sans retour !... Si cet accident survenoit, il faudroit de nouveau tailler l'arbre comme vous aviez fait, et suivre les mêmes procédés qui ont été indiqués.

Hors ce cas, qui est heureusement assez rare dans ces contrées, le bourgeon grandit à vue d'œil en mai et juin; visitez-le souvent, et enlevez au-dessus de chaque feuille les bourgeons qui poussent, afin qu'ils ne produisent pas des parasites qui rendroient le plant raboteux, l'empêcheroient de grandir et de grossir. Suivez vos plants toute la belle saison; un œil attentif les voit croître journellement, et sa surprise n'est pas petite quand les premiers froids arrivent, de voir les bourgeons du mois de mars devenus en décembre une forêt de piques, dont le plus grand nombre a plusieurs pieds de hauteur.

Il faut les laisser passer l'hiver jusqu'à la fin de mars; mais à cette épo-

que, quand les boutons épanouis les
font ressembler à un bâton doré, il
faut les abaisser à cinq pieds six pouces,
un peu plus ou un peu moins, selon
le local où ils doivent être transplantés, en observant que les laboureurs
puissent y passer dessous sans toucher. Il faut abattre tous les bourgeons, sauf les trois plus élevés destinés à faire trois branches en pied
de poule, pour donner à l'arbre la
première forme. On peut aussi les
laisser croître jusqu'à la mi-avril sans
les toucher; on les taille alors à un
demi-pied au-dessus de la tête de
l'arbre, ne laissant cependant à chacune des pousses, que trois ou quatre
bourgeons les plus élevés, éborgnant
tous ceux qui sont au-dessous.

On se borne à la culture de pioche,
réitérée autant qu'il est nécessaire.

Dès qu'il y a des plants assez gros

pour être replantés, ce qui n'arrive qu'après deux ans, il faut les enlever; c'est commencer à jouir, et leur absence donne aux plants voisins la subsistance qu'ils prenoient.

Les plus beaux plants étant enlevés en assez grand nombre pour laisser des vides, on les utilise en y semant des légumes d'une espèce à ne point dessécher la terre; c'est un produit de plus.

S'il reste après la cinquième année des plants mal formés par accident, le possesseur cherche dans son domaine le champ de la moindre valeur, de qualité quelconque, pourvu que le *tuf* ou la *galette* ne soient pas trop près, et le destine à une plantation qui devient d'un bon produit, alors surtout que, par des terres transportées, on a soin de suppléer à l'aridité du sol. On pourroit par

ce procédé, s'il étoit plus général,
soulager les terres à blé, qui ne devroient tout au plus être importunées
que sur les bords du nord et de l'est,
soit pour arrêter l'impétuosité des
vents, soit pour éviter les mauvais
effets de l'ombre.

Dès que c'est la réussite et non le
choix qui fixe l'emplacement, le cultivateur n'a besoin que d'employer le
local le plus utilement possible ; il
doit donner douze mètres de distance
d'un plant à l'autre, et les aligner,
ce qui est facile en mettant un jalon
aux quatre coins et à chaque extrémité de file ; le coup-d'œil rend infaillible l'opération, en plaçant un
planteur à chaque extrémité.

Donnez à chaque trou un pied et
demi de profondeur, et au moins
huit pieds en carré : qu'un tombe-
reau de terre neuve serve à assujettir

les racines et facilite la première végétation ; plus la bonne nourriture sera abondante , et plus la sève développera de force dans ses rameaux. C'est en surface que cet arbre étend ses racines ; c'est donc sur l'espace qu'elles parcourent qu'il faut étendre l'engrais. Si cependant vous avez des buis ou tel autre végétal nourrissant à votre portée , deux fagots enterrés au pied , renouvelés chaque année , sont suffisans et produisent le meilleur effet ; car dans l'ordre de la nature , la destruction des végétaux sert à la reproduction , et les engrais augmentent la végétation.

Avant de planter , préparez votre plant , en taillant les branches à un demi-pouce du tronc ; observez seulement que la tête ait cinq à six boutons , et débarrassez les racines de tous les petits filets inutiles.

C'est au mois de mars que la sève
en activité indique les plantations ; il
faut saisir cette époque. On peut les
faire quelquefois avec succès dans le
courant de l'automne ; mais on n'y
trouve aucun avantage, et les grandes
gelées , les frimats font courir des
dangers certains.

Votre plantation finie et cultivée ,
vous attendez que la tête de l'arbre
se couronne d'autant de pousses que
vous avez laissé de boutons. A la fin
de mai ou à la mi-juin , vous obser-
verez attentivement pour connoitre
ce qu'il faut retrancher ou conserver.
Trois ou quatre des plus belles pousses, à une distance égale , suffisent
pour la première forme de la tête :
laissez-les croître toute l'année jusqu'au mois de mars ; alors , et au
moment où elles commencent à s'épa-
nouir , vous donnez une nouvelle

forme, en les coupant à six pouces
de hauteur, et laissant à chacune trois
à quatre boutons, qui, taillés de nouveau l'année suivante, en quadru-
plant la végétation, marqueront par
degrés l'âge de l'arbre, dont la feuille
ne doit être ramassée qu'à la quatrième année, afin de ne pas inter-
rompre la végétation.

Les pousses parasites qui viennent
au tronc et dans l'intérieur de la forme, doivent être enlevées ; elles dé-
rangeroient les proportions actuelles,
et, devenant grosses, embarasseroient
la cueillette.

Ici commence le talent du cultivateur : qu'il l'exerce avec prudence ;
il vaut mieux lui laisser un excédent
que de trop l'appauvrir. Qu'il se pro-
mène de temps en temps dans sa plantation, il y trouvera souvent quelque
chose à faire ; un petit travail peut

être d'une très-grande conséquence pour l'avenir.

La quatrième année, l'arbre demande d'être traité dans ses branches, qui sont déjà assez élevées pour avoir besoin d'une échelle. Qu'un agriculteur intelligent examine alors la forme la plus avantageuse dont l'arbre est susceptible, et qu'il la donne en le taillant; qu'il observe la distribution des branches majeures; elles seules doivent donner la forme à l'arbre. On peut choisir, en vase, en boule, en parasol; toutes sont bonnes, conduites à propos : mais à toutes il faut garder les proportions, et laisser l'intérieur libre, pour que le ramasseur de feuille puisse se porter partout sans forcer aucune branche.

Dès que l'arbre a acquis assez de grosseur pour vous porter, montez dessus; placez-vous au centre, pour mieux déterminer l'étendue que vous devez lui donner. Si une grande fécondité l'a rendu très-touffu, élaguez l'intérieur.... mais ne raccourcissez les branches qu'autant qu'il le faut pour qu'elles soient pleines. Commencez toujours par les plus élevées, et mettez-les toutes à niveau.... Ne retranchez pas pour détruire, mais pour féconder.... Il est reconnu que le mûrier raccourci, donne l'année suivante beaucoup plus de feuille, plus grande et plus facile à ramasser, pourvu que ce soit incontinent après la cueillette de la feuille que se fasse la taille.... N'attendez jamais après la moisson, quand l'arbre a repris sa seconde feuille; le journalier, moins occupé alors, vous y renvoie tant qu'il peut; mais votre intérêt sollicite le contraire, sous peine de perdre plus de la moitié de la récolte suivante.

Vous opposerez sans doute qu'il est impossible de tout élaguer dans la primeur, quand on a une grande quantité d'arbres : je réponds qu'il faut en ce cas partager en deux vos possessions, et n'en élaguer que la moitié chaque année. Les gros arbres attendent sans perte deux et trois ans; mais les jeunes doivent l'être chaque année.

Si l'arbre est rabougri, il faut en rechercher la cause. Est-ce le peu de nourriture d'une terre trop maigre? il faut l'engraisser. La terre est-elle de mauvaise qualité (surtout celle qui l'approche de près)? enlevez-là, et substituez de la terre neuve bien choisie, en assez grande quantité pour que les racines s'étendent au loin, et trouvent une nourriture suffisante.

Cultivateur intelligent ! cette fa-
mille t'appartient ; ta sollicitude ne
doit pas la perdre de vue ; sa beauté
fait ta gloire, et sa fécondité ta ré-
compense.

DES VERS-A-SOIE.

Après avoir parlé de la culture des mûriers, il paroît naturel de s'entretenir de l'éducation des vers-à-soie; mais il existe à ce sujet de si savans Traités, qu'il seroit difficile de donner des préceptes qui n'aient pas déjà été indiqués plusieurs fois. Nous essayerons néanmoins d'analiser les diverses méthodes qui sont suivies avec quelque succès dans des localités différentes, afin de former (du tout) un système d'éducation que l'expérience ait déjà sanctionné.

La première attention qu'exige l'éducation des vers-à-soie, c'est le choix de la graine : on doit s'attacher dans ce choix, à la couleur gris-cendrée, tirant sur le plomb, ou le pourpre sale ; cette couleur prouve que la graine n'a pas souffert... Celle qui est d'un gris-blanc, a éprouvé un excès de chaleur qui l'a altérée ; celle qui est de couleur jonquille, est frappée de stérilité. Quoiqu'il n'y ait pas de règle fixe pour le renouvellement de la graine, il est néanmoins utile de le faire toutes les fois que les vers-à-soie ne réussissent pas bien, ou que la forme et la couleur des cocons s'altèrent.

L'usage de la laver avec du vin avant de la mettre couver, ne nous paroît fondé sur aucun principe solide ; celui de consulter les phases de la lune pour cette opération, est absolument ridicule.

Il n'est point douteux que la réussite de la couvée ne dépende des soins et de l'industrie de l'homme ; on doit donc y apporter tous les soins et toute l'attention possibles.

La couvée artificielle nous paroit préférable à la couvée naturelle, en ce que l'on peut conserver plus d'uniformité dans le degré de chaleur, et l'augmenter s'il est nécessaire. La graine n'étant point d'ailleurs comprimée, est plus aérée, et s'échauffe à la fois dans tous ses points.

On sait que pour la couvée artificielle, les uns se servent de poéles ou de fourneaux ; d'autres d'une boite de fer-blanc, dans laquelle est un thermomètre de Réaumur, afin de donner à la graine la chaleur nécessaire par le moyen d'une lampe.

Le degré de chaleur doit varier dans trois époques différentes. Elle doit être du 15e au 18e degré avant de mettre la graine dans la boite ; elle

doit progressivement augmenter, de
manière qu'elle soit dans trois jours,
du 20ᵉ au 26ᵉ degré. Elle reste en cet
état jusqu'à ce qu'il y ait les trois
quarts des vers éclos ; on la pousse
alors de 28 à 30 degrés, et même jusqu'au 32ᵉ, afin de hâter le reste. Ces
diverses gradations de la chaleur ne
peuvent avoir lieu dans les couvées
naturelles ; aussi celles-ci sont-elles
beaucoup plus longues.

On connoît l'émotion de la graine
à son gonflement, et au changement
de couleur ; ce qui arrive ordinairement vers le septième jour, et elle
commence à éclore le huitième.

C'est le moment d'avoir les tables
nécessaires pour les vers éclos ; il faut
surtout avoir l'attention de les mettre
dans un appartement qui ait le même
degré de chaleur que celui des boî-
tes, car le passage d'un air chaud

à un air froid, leur seroit nuisible.

Si la graine n'a pas souffert pendant l'année, les vers ont, en naissant, une couleur cendrée qui est d'un heureux présage. L'abus de la chaleur occasionne une couleur rousse ; le brun foncé est le produit d'une couvée trainée en longueur. Les vers qui apportent cette couleur en naissant, languissent, et, parvenus aux époques des mues, ils diminuent de grosseur, loin d'augmenter.

On doit donc, en pareil cas, se résoudre sans balancer, à faire le sacrifice de sa graine, et s'en procurer d'autre.

S'agit-il d'une grande couvée, il est important de faire deux et même trois classes, afin de n'avoir pas trop de travail le même jour, et que les vers ne souffrent pas ; mais si la couvée est petite, cette précaution est inutile.

Si vous désirez rendre tous vos vers de même âge, vous y parviendrez en tenant les derniers-nés un peu plus chaud, et en leur donnant quelques repas de plus : ainsi vous placerez ceux qui naissent les premiers sur les tables du premier étage , et vous ne leur donnerez point à manger que toute la levée du jour ne soit faite ; ceux du second jour seront placés au second étage ; et si la graine n'a pas fini d'éclore, vous les mettrez toujours en montant d'un étage, et leur donnerez un repas de plus. Si à la première mue, les vers ne sont pas tous du même âge, il faut mettre les plus petits au plus haut étage ; et comme ils auront plus de chaleur, leur donner un repas de plus ; par ce moyen, ils auront bientôt atteint le même âge et le même degré de force.

Il ne faut point oublier que la température du local qu'ils occupent, doit suivre les gradations de leur âge ; ainsi au premier âge, vous leur conserverez le degré de chaleur qui a servi à les faire éclore, c'est-à-dire, du 24ᵉ au 26ᵉ ; au second âge, vous l'abaisserez du 22ᵉ au 24ᵉ ; au troisième, du 20ᵉ au 22ᵉ ; au quatrième, du 18ᵉ au 20ᵉ ; au cinquième, du 16ᵉ au 18ᵉ. C'est au défaut d'exactitude sur ce point, qu'on doit attribuer une partie des maladies qui affectent les vers-à-soie ; car il est généralement reconnu que, si l'on n'étoit pas obligé de leur faire du feu, presque toutes les chambrées réussiroient.... Le feu leur est donc essentiellement nuisible , alors qu'il leur donne un degré de chaleur qui excède la température naturelle qui leur rend le feu inutile. Or dans leur dernier âge, l'atmosphère est en général assez échauffé pour que toute

autre chaleur leur soit superflue. Si
donc à cette époque on ne réduit pas
leur température artificielle au degré
de la chaleur naturelle, par la sup-
pression des feux, les vers-à-soie doivent se dessécher par l'excès de la
transpiration.

Dans le premier âge, on doit leur
donner au moins trois repas, et leur
choisir de préférence la feuille de sauvageon, à petites feuilles, pour laquelle ils paroissent avoir une prédilection particulière. Presque partout
on est dans l'usage de la leur donner
hachée jusqu'au sortir du second
âge, sans donner les motifs de cette
préparation singulière. Il me semble
que la nature s'est suffisamment pro-
portionnée à la foiblesse des vers-à-
soie dans leur premier âge, soit par la
tendreté des feuilles, soit par leur
petit volume à cette époque, pour que

cette opération soit au moins superflue.

Beaucoup trop de préjugés prési-
dent en général à l'éducation de ces
animaux précieux ; ils sont la source
de mille précautions inutiles et dangereuses. On peut regarder comme
telle, celle d'intercepter le grand jour
aux vers-à-soie, et de les soigner à la
lueur des lampes ; cet usage, qui a
pour principe de les assimiler aux oi-
seaux de nuit, est tellement enraciné
dans les campagnes, que les *magna-
gnières* sont de véritables prisons,
dont toutes les issues sont tamponées
ou matelassées, et où l'on ne pénètre
que le flambeau à la main. Cette singulière manie fait périr une grande
quantité de vers qu'on foule aux pieds
lorsqu'ils tombent des étages ; d'ailleurs, l'air se trouve tellement inter-
cepté, qu'il ne tarde pas à se vicier,
et à produire des épidémies.

D'où vient cet étrange préjugé, alors que la moindre expérience prouve que la lumière ne porte aucun dommage aux vers-à-soie?

De toutes les précautions à prendre pour le succès de leur éducation, la plus importante est, sans contredit, de les déliter souvent, et de ne point les entasser les uns sur les autres; dans les deux derniers âges surtout, leur litière exhale un air méphitique, qui leur deviendroit mortel si on ne se hâtoit d'y remédier. Il importe donc de les déliter, au moins toutes les vingt-quatre heures, quand ils sont à la *frèze*.

Toute l'éducation des vers-à-soie se trouve renfermée dans ces préceptes généraux: l'attention dans la couvée; des repas fréquens, proportionnés à chaleur; de la feuille fraîche; point d'entassement sur les tables; un air

pur et renouvelé; une vigilance con-
tinuelle.

Il faut avoir attention de ne point
leur donner de la feuille mouillée,
surtout dans les premières mues, et
même en aucun cas, parce qu'elle
leur occasionne des diarrhées qui leur
enlèvent toute leur vigueur.

Lorsque la feuille est mouillée de
miélat, on doit serrer fortement les
draps dans lesquels on la ramasse, et
la laisser ainsi jusqu'à ce qu'un léger
mouvement de fermentation s'éta-
blisse; on l'éparpillera ensuite dans
un appartement bien aéré, et on la
brassera à diverses reprises, pour dis-
siper entièrement cette vapeur mal-
faisante aux vers-à-soie.

Dans le temps des mues, il faut
éviter soigneusement que la fumée
ne s'empare des appartemens, parce
qu'elle leur est nuisible.

Ce qu'il y a de plus à craindre dans la conduite des vers-à-soie, c'est un excès de chaleur, appelé *touffe*, qui répand la désolation dans les ateliers, et détruit toutes les espérances. Ce fléau peut être amené par le vent du sud, ou par un manque absolu d'air, ce qui arrive lorsque l'horizon est chargé d'épais nuages, et que le tonnerre se fait entendre dans le lointain. Si à cette cause extérieure, se joignent un air vicié dans les appartemens, ou la fermentation de la litière, le mal est encore plus considérable, et presque sans remède.... Le changement d'air, les fumigations des plantes aromatiques ou du vinaigre, les procédés indiqués par M. Guyton de Morveaux, etc. sont les seuls moyens connus pour arrêter les progrès du mal.

Si l'on s'attachoit avec soin à étudier les causes des diverses maladies de ces animaux, qui se bornent en général aux *passis*, *arpians* et *luzettes*, aux *gras*, aux *muscardins*, aux *morts-blancs*, aux *jaunes*, on reconnoîtroit qu'elles viennent toutes, ou de l'excès de la chaleur, ou de l'entassement des vers, ou de la fermentation de la litière, ou de la qualité de la feuille.... Tous ces vices se réunissent souvent dans les grands ateliers, qui exigeroient l'emploi du double de bras qu'on ne leur attache ordinairement ; et c'est aussi la raison pour laquelle les petites chambrées bien soignées, l'emportent de beaucoup en produit sur les grandes. Cette considération devroit, ce semble, frapper les propriétaires qui remplissent inconsidérément leurs terres à blé de mûriers, tandis que déjà ils en possèdent en assez grande quantité, pour ne pouvoir soigner les vers-à-

soie qu'il peuvent entretenir. Un propriétaire ne devroit jamais perdre de
vue ce proverbe populaire : *Qui trop
embrasse, mal étreint;* proverbe d'un
grand sens, et malheureusement trop
méconnu.

DES OLIVIERS.

Iʟ nous reste à nous entretenir de
l'olivier; de cet arbre intéressant que
la nature sembloit, il y a quelques
années, envier au département du
Gard particulièrement. Nous aurons
peu de choses à dire sur son compte,
parce que les soins qu'il exige sont
généralement connus.

La manière de multiplier cet arbre
précieux, est le premier objet qui doit
nous occuper. La seule généralement
usitée jusqu'à ce jour, est celle d'avoir
des plants, ou gros rejetons crûs au
pied des souches des oliviers qui ont
beaucoup de vigueur; et c'est sans
doute la meilleure méthode. Cepen-

dant je connois de fort belles plantations, provenues de branches d'oliviers plantées comme les saules, sans
racines, et dont la croissance a été
beaucoup plus rapide que par les
plants ordinaires. La seule précaution
à prendre en pareil cas, c'est qu'au
lieu de faire sortir l'olivier de terre de
deux ou trois pieds, on se borne à en
faire sortir la tête de la longueur d'un
pied au plus au-dessus de la surface;
et cette précaution n'est peut-être
commandée que par la longueur de la
branche qu'on emploie à cet usage,
ou pour éviter les fortes sécheresses.

L'olivier vient dans plusieurs sortes
de terrains, comme terrain pierreux,
caillouteux, argileux et sablonneux;
cependant celui qui lui convient davantage, est le *grés* de bonne qualité;
un terrain humide ne sauroit lui con-

venir, à cause des gelées qui sont quelquefois excessives.

Toutes les expositions sont bonnes ;
mais celle du midi est préférable pour
la conservation de cet arbre , qui
craint les froids trop rigoureux. On
croit avoir observé que l'exposition
d'un levant abrité rend l'huile plus
abondante ; mais il seroit difficile d'en
apporter les preuves et les raisons.

La manière de planter l'olivier , est
de former dans la terre une ouverture
de quatre pans en carré , et de trois de
profondeur. On pose l'olivier au centre , observant de placer les racines
selon leur direction naturelle ; on les
recouvre de terre meuble , posée à la
main , pour que toutes les racines
soient exactement garnies , et ensuite
on la presse légèrement ; on achève ,
après cette opération , de combler
l'ouverture.

Si on plante dans un terrain maigre, il est utile de couvrir les racines
avec une bonne charretée de terre
neuve de meilleure qualité; on comble ensuite le creux. Il est même essentiel (alors que le sol est dur ou pierreux) de faire une ouverture d'une
toise en carré.

Il est bon d'observer que les oliviers placés où d'autres ont péri, ne
viennent pas si bien pour deux causes;
1.º parce que la terre a été épuisée de
ses sucs, et surtout de ceux convena-
bles à l'olivier (toutes sortes d'arbres
ne prennent pas les mêmes sucs).
2.º Parce que les racines de l'olivier
qui a péri, ont pu communiquer à la
terre leurs mauvaises qualités, qui
portent ensuite préjudice aux jeunes
plants. Il en est de même de presque
tous les autres arbres, et notamment
des mûriers qui n'existent que fort

peu de temps aux lieux où d'autres ont été arrachés.

Si pour les plantations d'oliviers on pouvoit avoir le choix du terrain, nul doute qu'il ne fallût préférer le sol qui, formé de terre végétale et de débris de pierre calcaire, réuniroit à cet avantage, celui d'être abrité par de grandes élévations, et d'être un peu incliné vers le midi. Il existeroit après cela des précautions générales, qu'il importe de ne jamais négliger, et qui consistent,

1.º Dans le choix des plants, beaux, vigoureux et de bonne espèce, afin d'être dispensé de les greffer.

2.º Dans le soin de ne point les planter trop près les uns des autres, pour que les racines trouvent assez de nourriture pour faire de beaux arbres et donner de beaux fruits, ce qui ne peut avoir lieu lorsque les branches n'ont point assez d'air et de soleil.

3.º Dans l'attention de choisir les plants dans un terrain plutôt plus maigre que plus gras que celui où ils doivent être transplantés.

La culture que les oliviers exigent, est subordonnée à la qualité plus ou moins productive du sol qu'ils occupent : mais (sauf les exceptions) une plantation faite à l'entrée du mois de mai , doit recevoir une première œuvre en juin ; la seconde , en août , surtout après quelques pluies ; la troisième , en novembre , et à cette époque on doit couvrir le tronc de terre jusqu'au tiers de sa hauteur , après avoir couvert ses racines de fumier pour les tenir chaudes ; la quatrième , au mois d'avril , pour les découvrir de la même terre et faire périr les mauvaises herbes ; la cinquième , en juin.

On sent que pour les champs peu

productifs, et qui jettent par là même
peu de plantes qui pourroient dessécher les arbres, on supprime quelques
façons. Beaucoup de propriétaires se
contentent même de leur donner deux
cultures, dont une en mars et l'autre
en septembre.

Les bienfaits de la greffe se repro-
duisent encore sur les oliviers.... La
manière de les enter que l'on croit la
meilleure, et qu'on pratique dans
beaucoup d'endroits, c'est l'écusson
carré, qu'on appelle *à la carte*. On
prend cet écusson sur une tige ou
petite branche que l'on a coupée à un
olivier de bonne espèce ; on incise
ladite tige tout autour au-dessus et
au-dessous de la greffe que l'on veut
enlever ; on insinue horizontalement
le sauvageon au-dessus de la place de
la greffe, ensuite on fait des incisions
verticales à quatre ou cinq lignes de

distance les unes des autres ; puis on sépare du sauvageon cette écorce par petites bandes de quelques lignes de largeur, lesquelles sont toujours attenantes à l'écorce du dessous ; on enlève l'écusson de la greffe, et on le place sur le bois du sauvageon ; on relève lesdites écorces coupées par bandes sur l'écusson, et on le lie de plusieurs tours de ficelles.

L'époque la plus favorable pour greffer l'olivier, est au commencement de mai.

Des pluies fréquentes peuvent porter préjudice aux greffes, par la dissolution de la sève.

Une espèce de chenille d'environ trois pouces de longueur, marquetée sur le dos, attaque les oliviers, et les défeuille ; ce qui les épuise singulièrement, en les soumettant à un surcroît de végétation. Le seul remède à ce fléau, c'est de les abattre et de les écraser.

Les cirons attaquent également cet arbre, et le font périr. Si une seule partie en est attaquée, il faut la retrancher sans hésiter ; c'est le seul moyen de sauver le reste de l'arbre.

Lorsqu'ils attaquent les racines, on déchausse l'olivier, et on l'entoure de cendres, sur lesquelles on jette de l'eau. C'est, dit-on, le seul remède connu.

La cure de la carie ne peut s'opérer que par l'amputation dans le vif de la partie cariée.

On décèpe cet arbre, lorsqu'il tombe dans un état de marasme ; cette opération fournit aux racines les moyens de pousser des rejetons.

On taille l'olivier tous les trois ans, pour éviter qu'il ne devienne rabougri.

On l'émonde , pour lui enlever le bois mort.

On l'élague , pour faire disparoître les branches incommodes et parasites.

On le ravale , pour le garantir de la violence des vents.

La taille régulière consiste à n'ôter que le bois inutile ; et l'arbre y gagne en ce qu'il est moins desséché.

Excepté les mois de février et mars, toutes les autres époques pour la taille peuvent être dangereuses.

Agriculteurs ! cet arbre que vous cultivez avec une prédilection parti-culière , est exposé à des mortalités fréquentes : on en compte quatre dans le siècle dernier ; plusieurs communes déplorent encore les suites funestes du trop mémorable hiver de 1789, qui priva entièrement leur territoire de cet arbre intéressant. Si jamais un aussi cruel fléau s'appesantissoit sur ros nombreux oliviers, gardez-vous de porter une main dévastatrice sur ce que l'hiver auroit épargné.... Consultez quelle est la méthode la plus avantageuse de recéper les oliviers? et lorsque l'arbre est revenu, quelle est la quantité de jeunes plants qu'il convient de laisser en place ?.....

Il est rare que l'olivier meure en entier.... S'il est frappé dans ses branches seulement, l'expérience, d'accord avec la théorie, vous démontrent que l'olivier étronçonné se couvre de nouveaux rameaux dans un court espace de temps... S'il est atteint jusqu'au tronc, l'expérience et la théorie s'accordent encore à nous prouver que le moyen le plus sûr de le reproduire, est de le recéper jusqu'à la plus grande surface de sa base, c'est-à-dire, assez profondément pour que les drageons qui s'élèveront des moignons, soient suffisamment recouverts pour être à l'abri des fortes sécheresses ; inconvénient qu'on n'est pas aussi sûr d'éviter en coupant l'arbre superficiellement, quoique recouvert par la terre qu'on y accumule... Dans l'un et l'autre cas, ayez soin de favoriser de terreau, ou bonne terre vierge, les souches d'oliviers ainsi décapitées.

Après que les plus vigoureux drageons se sont prononcés, n'en laissez sur la mère-souche qu'un nombre proportionné à sa surface, pour qu'ils ne se nuisent pas trop dans leur accroissement.

Ces plants arrivés à une belle grosseur, doivent être successivement arrachés et transplantés ailleurs, jusqu'à ce qu'il n'en reste qu'un seul sur place, parce qu'une seule tige fournit un arbre d'un très-beau volume, dont la culture et la taille sont infiniment *plus faciles ; tandis qu'au contraire, la masse des racines que présentent plusieurs tiges réunies, les rendent plus sujets à la pourriture par l'humidité qu'elles recèlent dans leurs nombreuses cavités, et que si la mort d'une des tiges n'est pas toujours contagieuse pour les autres, elle déforme et dégrade beaucoup le groupe.*

Agriculteurs ! n'oubliez pas qu'il ne faut rien négliger dans votre art ; mais aussi qu'il ne faut rien outrer. Simple comme la nature, l'agriculture ne demande que ce qui tend directement au but, sans trop de contrainte, sans esprit de système ; elle ne procure des richesses qu'à ceux qui s'attachent à elle avec assiduité et discernement... Evitez surtout deux excès contraires également nuisibles... celui de trop exiger de la nature, et celui de ne point assez solliciter ses largesses, ou de ne point les solliciter à propos.... Il faut la bien juger pour réussir dans ses expériences ; il faut percer à travers le mystère dont elle se couvre, épier ses secrets, et la prendre en quelque sorte sur le fait, pour obtenir d'elle l'aveu des faveurs qu'elle ne refuse jamais aux soins assidus de ses vrais amans.

FIN.

TABLE.